Her vegetables.

장진아

bottlepress

하루가 마음에 드는 작지만 선명한 방법,

채소를 가까이 두는 일.

장진아
푸드 크리에이티브 디렉터,
F&B 브랜드 디렉터,
식공간 '베이스 이즈 나이스' 대표.

Early morning

아침 식사

Brunch

브런치

Lunch box

런치박스

Dinner

저녁 식사

Late night

늦은 밤의 채소 요리

Early Morning

아침 식사

Spinach
Yogurt Bowl

채소칩을 올린
시금치 요거트 볼

Ingredients

○ **시금치잼** 시금치 ⅓단 / 올리브오일 3큰술 / 유기농 올리고당 3큰술 / 소금 1작은술

○ 플레인 요거트 250g

○ **채소칩** 오크라 / 연근 / 무화과 / 단호박

○ **견과류** 호두 / 아몬드

Recipe

1 시금치는 분홍빛 도는 뿌리 부분까지 그대로 흐르는 물에 씻는다.

2 냄비에 물을 적당량 넣은 뒤 소금을 한 꼬집 넣고 끓인다. 보글보글 끓기 시작하면 불을 끄고 손질해둔 시금치를 넣어 30초 정도 데친 뒤 꺼내어 찬물에 담가 둔다.

3 식은 시금치를 손끝에 힘을 살며시 주어 물기를 최대한 짜내고 3cm 간격으로 자른다.

4 볼에 ③의 시금치와 분량의 올리브오일, 유기농 올리고당, 소금을 넣고 시금치가 완전히 갈려서 걸쭉한 상태가 되면 시금치잼 완성.

5 그릇에 요거트를 붓고 시금치잼 2큰술을 넣어 살짝 저어준다.

6 채소칩과 견과류를 올려 완성한다.

---

* 단맛을 내는 것은 매실청 외에 모두 유기농을 사용했어요. 단맛이 상대적으로 조금 약한 것이 특징입니다.

* 채소칩은 대형마트와 온라인에서 쉽게 구할 수 있어요 많은 양을 사두면 질감이 변질되기 쉬우니, 소량 포장된 제품을 입맛에 맞게 구비하면 토핑용으로 다양하게 활용하기 좋아요.

* 시금치잼은 밀폐용기에 담아 냉장실에서 5~7일간 보관 가능해요.

* 시금치잼은 크림치즈에 섞어서 베이글 또는 구운 식빵에 올려 먹어도 맛있어요.

채소칩을 올린 시금치 요거트 볼

하루의 시간 중 아침을 가장 좋아해요

모든 시간은 저마다 가진 에너지가 있을 테지만 어린 시절부터 유독 아침을 좋아했어요.
그중에서도 동이 트기 직전, 하늘은 마치 잠에서 덜 깨어난 듯 푸르스레하고 공기는 더없이
투명한 색을 띠고 아주 조그만 바람의 움직임에도 소리가 들리는 듯한 때를요. 조금씩
피어나는 아침 햇볕이 모든 곳에 살며시 와 닿는 그 순간, 이른 아침의 에너지를 가장 좋아해요.
이런 아침에는 왠지 활기찬 하루를 시작하게 해줄 이로운 음식을 먹어야 할 것 같지 않나요?
아는 것은 비타민이 풍부하다는 것 정도지만, 한 번쯤 봤던 만화영화 속 주인공 덕분인지
'시금치' 하면 없던 힘도 솟게 해주리라 믿고 있어요. 우리에게 시금치는 어디서든 쉽게 살 수
있는 흔한 채소 중 하나일 거예요. 시금치 무침, 시금치 된장국처럼 시금치를 대하는 익숙한
방법도 있죠. 그런 시금치를 부드럽게 네쳐서 담백한 잼을 만들면 어떨까,
그래서 아침에 밥을 차려 먹을 시간이 없을 때도 슥슥 섞어서 간편하게 먹을 수 있다면 어떨까,
이런 생각을 하다가 간결하게 만드는 시금치잼을 만들어 봤어요. 새하얀 요거트에 생기 넘치는
초록색 잼을 넣어서 싱그러운 아침 한 끼를 만들어 보려고요!

채식주의가 아닌 채소 친화적 애티튜드

제가 운영하는 식공간 '베이스 이즈 나이스(base is nice)'에서 간혹 질문을 받곤 합니다.
"여기는 비건 식당인가요? 혹시 채식주의자이신가요?"
저는 늘 "비건 메뉴는 아니고 채소를 위주로 하는 요리를 준비해요"라고 답해요. 채식주의자도
아니지만 그저 채소가 가진 맛과 향을 좋아한다는 부연과 함께요.

지난 10여 년간 미국 뉴욕에서 살았어요. 그 시간 동안은 당연히 미국에서 나고 자라는 식재료를
주로 접하고 먹었습니다. 저도 모르는 사이 미국 마트에서 구할 수 있는 로컬 식재료 맛에
익숙해져 있었던 거예요. 오랜만에 한국으로 돌아와 이곳에서 나고 자란 채소들을 자연스럽게
접하다 보니, 눈이 번쩍할 정도로 맛있다는 생각을 자꾸 하는 저를 발견했죠. 특히 고향인
제주도에서 로컬 식재료로 밥을 먹다 보니 더욱 비교가 됐어요. 미국의 채소 맛과 뚜렷하게 다른
채소 고유의 수분과 당분을 느낀 거예요. 상대적으로 부드러운 식감과 감칠맛이 올라올 정도의
자연스러운 단맛과 향미까지도요.
그 차이를 느끼면 느낄수록 시장에 가서 채소를 사거나 맛을 볼 때마다 감탄하게 됐습니다.
'그동안 잊고 살았구나' 하면서요. 그래서 없던 것을 새롭게 찾아냈다기보다는, 개인적으로 한국
채소를 재발견하게 된 거예요.
그런 생각이 머릿속에 가득하다 보니 어디를 가도 채소가 눈에 띄었어요. 우리 식탁 위 채소는
항상 비슷한 모습이더라고요. 메인요리보다는 반찬에 주로 쓰이고, 늘 해 먹는 요리에 고정적인
재료가 쓰이는 거죠. 예를 들어 애호박은 된장찌개에 부재료로 넣거나 달달 볶아서 나물을 하거나
계란물을 입혀 전을 만드는 식으로요. 꽈리고추는 주로 멸치볶음에 들어가고 가끔은 너무 익어서
형태가 흐물거려요. 무는 국을 끓이거나 생선조림 속 바닥을 책임지고, 시금치는 참기름 향을
입고 나물이 되죠. 한식에서 채소는 푹 익혀서 먹거나 고기를 먹을 때 쌈채로 곁들여 생으로 먹는
경험이 대부분인 모습을 지켜보며 저마다의 개성과 풍미를 지닌 채소를 익숙한 방법으로만 먹고
있는 것이 왠지 안타까웠어요. 그래서 가만히 생각해보게 된 거예요. 채소를 위주로 하는 요리는
어떨까.
형형색색 채소들이 저마다의 풍미로 다채로운 한 상을 채운다면 어떨까? 하나의 물음표에서
시작해 꼬리를 문 생각을 식탁 위에 선보이고 싶었어요. 많은 사람의 입맛이 갑자기 바뀌지는
않겠지만, 한 번쯤 채소를 재발견하는 경험을 통해 채소와 친해지면 다양한 조합을 탐구하는
식생활로 점차 옮겨가지 않을까 하고요. 이런 건강한 제안을 해봐야겠다는 생각이 들면서,

그전까지 사람들 앞에서 요리를 해본 적이 없었지만 지금 저에게 필요한 공간은 오피스가 아닌
부엌이라는 확신이 들었어요. 그렇게 지금의 '베이스 이즈 나이스'가 탄생했습니다.

채소만 먹기를 권하는 건 아니에요. 어떤 것이나 균형감이 중요하다고 생각하거든요.
식생활은 더욱 그러하죠. 다만 채소를 일상에 더하는 과정에서 샐러드나 나물 말고 몰랐던 채소의
매력을 발견하기를 바랍니다. 채소가 많은 비중을 차지하는 식생활을 한다면 아마
내 몸이 먼저 반기고 또 좋아하게 되고, 자연스럽게 건강한 변화가 일어나리라 믿어요.

더 늦지 않게
나와 우리를 위한
채소 친화적인 애티튜드, 어떨까요?

Pan-grilled Veggies Open-faced Toasts

구운 채소들의

오픈페이스드

토스트

Ingredients	
	○ 곡물빵 3장
	○ 코티지 치즈 4큰술
	○ 작은 토마토 3개
	○ 그린빈스(냉동) 12~15개
	○ 반숙란 1개
	○ 올리브오일 / 로즈마리 소금 / 후추 약간

Recipe		
	1	깨끗이 씻은 토마토는 1cm 크기로 납작하게 썰고, 냉동 그린빈스는 물에 한 번 씻어 그대로 준비한다.
	2	중간 불로 달궈진 팬에 올리브오일을 두르고, ①의 토마토와 그린빈스에 로즈마리 소금과 후추로 살짝 간을 하며 노릇하게 굽는다. (토치로 살짝 그을려줘도 좋다.)
	3	반숙란은 시중에 판매되는 것을 사용할 경우 껍질을 까서 그대로, 따로 조리하는 경우 끓는 물에 7분 30초 익힌 뒤 웨지 모양으로 4등분한다.
	4	곡물빵은 토스터에 굽거나 팬에 구울 경우 약간의 올리브오일을 두르고 중간 불에서 양면을 모두 굽는다.
	5	토스트한 빵에 코티지 치즈를 바르듯이 올린 후, 구운 채소와 반숙란을 토핑한다.
	6	올리브오일과 후추를 살짝 뿌려 마무리한다.

* 로즈마리 소금은 소금에 로즈마리 향을 입힌 제품을 사용했습니다. 일반 소금이나 좋아하는 향의 소금을 사용해 보세요.
* 토마토는 토마주르라고 이름 붙은 알이 작은 것으로 요리했으나 찰토마토, 줄기 토마토도 좋아요.

Chamnamul and Tofu Chutney

참나물 넣은
두부 처트니

Ingredients

- 두부 1모
- 레몬제스트 약간 (레몬 ½개 껍질로 만든 분량)
- 착즙한 레몬즙 2큰술 (레몬 1개로 즙을 낸 분량)
- 올리브오일 2큰술
- 홀그레인 머스터드 1큰술
- 유기농 올리고당 1큰술
- 참나물 ⅓ 단
- 소금 한 꼬집

Recipe

1 두부는 키친타월로 두른 뒤 무거운 그릇으로 눌러 12시간 동안 냉장고에 넣어둔다. 물기가 거의 빠져 두부가 탄력이 생기면 사용하기 좋은 상태다.

2 레몬은 식초를 넣은 찬물에 30분 동안 담갔다가 깨끗이 씻은 후 강판 혹은 제스터를 이용해 레몬제스트를 준비한다. 제스트를 확보한 뒤 레몬은 ½ 등분하여 착즙한다.

3 참나물은 곱게 다져서 준비한다.

4 믹서볼에 ①의 두부, ②의 레몬즙, ③의 참나물 외 분량의 재료를 넣고 걸죽한 상태가 되도록 한다.

5 끝으로 레몬제스트를 넣어 골고루 섞어 마무리 한다.

* 두부 처트니는 다양하게 활용해서 먹을 수 있어요. 빵, 비스킷에 올려먹거나 채소 스틱을 찍어 먹어도 좋아요.

참나물 넣은 두부 처트니

한국인의 식탁에 단골로 등장하는 식재료를 자주 씁니다. 두부 또한 그중 하나예요. 워낙 익숙해서인지 식탁 위 두부는 있어도 그만, 없어도 그만일 정도로 존재감이 강하지 않은 것 같아요.

그런 두부를 뉴욕에서 다시 접했을 때 새삼 그 매력과 힘을 알게 되었어요. 맨해튼에 소재한 20년 전통의 두부요리 전문 한식당 리뉴얼 작업을 맡았을 때였죠. 식당과 함께 오랜 시간이 쌓인 메뉴에 손을 댄다는 것 자체로도 부담스러운 일이었어요. 그래서 더 많은 신경을 쓰며 작업했던 기억이 납니다.

그때 그곳의 메뉴 구성을 고민하면서 두부가 왜 어느 나라에서든 보편적으로 사랑을 받는지 알 수 있었어요. 어떻게 조리를 하든지 건강한 식재료라는 인상이 변하지 않죠. 그것만으로도 충분하겠지만 많은 사람이 좋아하는 가장 큰 이유는 두부가 가진 포용력 덕분이 아닐까 생각해요. 두부를 주재료로 만든 요리에서도 두부는 혼자 주인공 자리를 차지하기보다는 함께 넣는 재료와 양념의 맛과 색감과 식감까지도 더욱 도드라지도록 아우르는 역할을 해주더라고요. 양념의 맛은 너무 강렬하게 가닿지 않게 순화해주고, 부재료들의 색감과 식감은 한껏 돋보이도록 기꺼이 배경을 자처하면서요. 이런 비교가 어떨지 모르겠지만, 마치 포용력이 넘치는 사람은 결국 많은 사람들이 좋아하게 되는 것처럼 요리하는 사람이 두부를 자주 쓰는 것도 자연스러운 일 같았습니다.

이렇듯 담백하고 묵묵한 두부에 경쾌한 산미를 만들어줄 레몬즙과 제스트, 특유의 향긋함을 지닌 쌉싸래한 참나물과 매콤한 끝맛을 완성할 홀그레인 머스터드를 넣어서 두부의 깊은 고소함의 진가를 알려줄 처트니를 만들어 보았어요. 두부요리라고 하기에는 만들기 간편하면서도 확실한 특별함과 건강함을 즐기는 방법이에요.

Child
Pumpkin
Porridge

풋호박죽

Ingredients

- 풋호박 1개
- 적양파 2개
- 새송이버섯 3개
- 깻잎 15장
- 맛술 4큰술
- 참치액젓 2큰술
- 영양부추 / 들깻가루 토핑용 적당량

Recipe

1 풋호박, 새송이버섯, 깻잎은 흐르는 물에 깨끗이 씻어 껍질째 깍둑썰기 한다.

2 적양파는 껍질을 제거하고 1과 비슷한 크기로 깍둑썰기 한다.

3 중간 불에 냄비를 올리고 적당히 달궈지면 올리브오일을 두른 뒤 적양파를 넣고 볶는다.
   적양파가 투명해지면 풋호박, 새송이버섯을 넣고 볶다가 깻잎을 넣고 조금 더 볶는다.

4 재료가 익으면 충분히 잠길 만큼 물을 붓는다. 중간 불을 유지하며 끓어 오르면 분량의
   맛술과 참치액젓을 넣고 10분간 더 끓인다.

5 불을 끄고, 핸드믹서를 이용해 곱게 갈아준다.

6 그릇에 죽을 담고, 곱게 다지듯이 썬 영양부추와 들깻가루를 올려 마무리한다.

---

* 풋호박은 둥근풋호박, 둥근애호박, 조선호박 등으로도 불러요. 주로 봄에서 여름으로 넘어갈 때 마트와
   시장에서 눈에 많이 띄었어요. 애호박으로 대체해도 좋습니다.

풋호박죽

무엇보다 '위로'가 되어야, 음식의 제맛이죠

몹시 속이 쓰리고 아픈 날, 소화를 제대로 시킬 수 없을 만큼 기력이 없는 날.
그런 날에는 쌀을 넣고 끓인 되직한 죽마저 부담스럽잖아요. 크림을 듬뿍 넣어
기름기 많은 수프도 좀 그렇고요.

무거운 것 하나 없이 채소가 가진 수분과 섬유질만 제대로 살린, 따뜻하고
보드라운 채소죽은 아마도 그런 날 몸이 아주 좋아할 거예요. 따스한 요리 딱
하나만 후다닥 끓여서 채소로부터 건강한 위로를 얻는 시간을 가져요.

Black Lentil Rice in Hojicha

채소절임을 곁들인

호지차 밥

* **호지차** 녹찻잎을 강하게 로스팅해 떫은 맛이 적고 구수한 차.

Ingredients
- ◦ 블랙렌틸콩 밥(블랙렌틸콩과 흰쌀 1:7 비율로 섞어 짓기)
- ◦ 연근 피클
- ◦ 호지차
- ◦ 애호박 ½개
- ◦ **절임물** 맛간장 6큰술 / 맛술 6큰술 / 쯔유 3큰술 / 물 6큰술

Recipe

1 전기밥솥에 블랙렌틸콩과 흰쌀을 비율대로 넣고 밥을 짓는다.

2 애호박은 깨끗이 씻은 뒤 껍질째 0.5cm 두께의 반달 모양으로 썬다.

3 절임물 재료를 분량대로 작은 냄비에 넣어 한소끔 끓인다.

4 애호박을 밀폐용기에 담고, 식지지 않은 ③의 절임물을 그대로 붓는다.
    상온에서 어느 정도 식으면, 냉장고에서 하루 동안 두어 맛이 배도록 한다.

5 호지차 티백을 뜨거운 물에 30초~1분 담가 우린다.

6 그릇에 밥을 담고 애호박 절임과 연근 피클을 올린 후 호지차를
    조심스럽게 부어 완성한다.

---

* 밥을 지을 때 흰쌀은 신동진쌀을 썼어요. 한국에서 제일 많이 생산되고 있는 품종으로, 쌀알이 굵고 찰진
  특징이 있어요.

* 연근 피클은 기호에 맞는 다른 피클이나 양념을 씻어낸 익은 김치를 올려도 맛있어요.

* 레시피 속 호지차는 차분(TCHA BOON)의 티백을 사용했어요.

* 연근 피클을 직접 만드는 경우, 연근을 깨끗이 씻어 0.5cm 두께로 썰고 끓는 물에 소금과 식초를 약간씩 넣어
  3분간 데쳐요. 피클물은 물, 식초, 설탕을 2:1:1 비율로 끓입니다. 데친 연근을 밀폐용기에 차곡차곡 담고
  피클물을 연근이 푹 잠기도록 부어주면 완성이에요. 2~3일 숙성 후 먹을 수 있어요.

Young Cabbage
& Mango juice

알배기배추와

망고 주스

Ingredients
- 알배기배추 2장
- 냉동 망고 100g
- 착즙한 라임즙 2작은술
- 유기농 올리고당 4작은술
- 사과주스 180ml

Recipe

1 블렌더에 알배기배추 2장을 적당한 크기로 찢어 넣는다.

2 나머지 재료를 한꺼번에 넣고 갈아준다.

누군가의 한 끼를 그려보는 일

"무슨 일을 하세요?"라는 질문을 들을 때마다 저의 대답은 하나의 단어가 아니라 긴 설명이 되곤
합니다. "푸드 크리에이티브 디렉터(Food Creative Director) 겸 외식 브랜드 디렉터(F&B Brand
Director)로 일하고 있어요"라고 답하면 구체적으로 무슨 일을 하는 직업인지 질문이 뒤따르는
경우가 많았죠.

레스토랑을 만드는 일은 모든 브랜드가 탄생하는 과정처럼 '기획'으로부터 시작합니다. 디렉터는
레스토랑의 세부 콘셉트 및 아이덴티티를 정의하고 이를 기반으로 매출 전략, 메뉴 개발,
디자인의 방향을 설정해요. 그리고 셰프, 디자이너 및 외부 업체들이 함께 만들어 나가는 모든
과정에 밀접하게 연결되어 총괄 디렉팅을 하는 일이 저의 일입니다. 보이지 않던 아이디어의
조각조각이 하나의 실체가 되어가는 과정을 완성시키는 멋진 일이라고 생각해요.

방금 이야기한 업무들에서 한 단계 더 깊은 생각을 하게 된 것은 뉴욕에서 기획부터 오픈까지
디렉팅했던 레스토랑 '허 네임 이즈 한(Her Name Is Han)'을 만들었을 때였어요. 이곳이 문을 연
2015년에는 뉴욕에서 한식에 대한 인지도가 지금만큼 높지 않았는데, 오픈하고 얼마 지나지 않아
80석이 마련된 공간이 뉴요커로 가득 차는 경험을 했지요. 밖에도 줄이 기다랗게 서고요.

그 무렵 저는 하루 종일 레스토랑 키친에서 메뉴를 점검하고 홀에 나가서 서비스를 점검하느라
정신이 없었어요. 그날도 긴장된 눈으로 서비스되는 음식과 직원들을 쫓다가, 어느 순간 그

시간에 그 공간에서 그 음식을 먹으며 웃고 있는 손님들의 얼굴을 보게 됐어요. '사람들이
행복해하고 있구나!' 하고 마음속에 안도감이 찾아왔죠. 그때 깨달은 거예요. 진정 저의 일은
사람들이 행복해하는 음식과 공간을 만들었을 때 완성된다는 것을요.

그렇기에 현재 운영하는 '베이스 이즈 나이스'에서 손님들에게 듣는 가장 큰 칭찬은 식사가
끝나고 행복했다는 말을 듣는 거예요. 이렇게 작은 공간을 찾아준 많은 분들이 행복한 한
끼였다는 인사를 건네고 나가시면, 아직도 들을 때마다 신기하고 또 제가 잘하고 있다는 칭찬
같아서 스르륵 행복해집니다. 음식을 먹으며 내 몸에 좋은 것을 선물하는 마음이 들고, 소중한
누군가가 떠올라 함께 먹고 싶다는 마음이 드는 일. 맛있거나 보기 좋은 것을 넘어서 채소가 지닌
본질적인 건강하고 생기 넘치는 기운 덕분이 아닐까 싶어요.

'채소 친화적이며 균형 잡힌, 간결한 식사.'
이것이 제가 공간을 준비하면서 누군가의 한 끼를 그리며 식탁 위에 녹여내고 싶었던, 저의
철학이 담긴 한 줄의 메시지입니다. 음식이라는 언어로 행복을 나누는 소중한 시간들이 이곳에
켜켜이 쌓여가고 있어요.

Brunch

————————

브런치

Scrambled Eggs with Cultured Butter

발효버터와
스크램블 에그

Ingredients

- 달걀 3개
- 쯔유 1큰술
- 맛술 2큰술
- 물 2큰술
- 발효버터 2큰술
- 래디시 3~4개
- 아스파라거스 2~3줄기
- 소금 / 후추 약간

Recipe

1   래디시와 아스파라거스는 깨끗이 씻어 2등분해 둔다.

2   넉넉한 볼에 달걀을 넣고, 쯔유, 맛술, 물을 분량대로 넣은 후 곱게 풀어준다.

3   ②의 달걀물을 채에 곱게 거른다.

4   중간 불로 달궈진 팬에 발효버터 1큰술을 넣고 래디시와 아스파라거스를 굽는다. 구울 때
    기호에 맞게 소금 간을 한 다음 다 익은 채소를 접시에 옮겨둔다.

5   채소 구운 팬을 약한 불에 다시 올리고 나머지 발효버터 1큰술을 넣는다. 버터가 녹으면
    ③의 달걀물을 천천히 붓고, 부드럽게 저어가며 익힌다.

6   완성접시에 ⑤를 먼저 담고, ④의 채소들을 곁들인 후 후추로 마무리하여 완성한다.

---

* 발효버터는 유산균을 넣고 발효했기 때문에 비교적 산뜻한 맛이 특징이에요. 발효버터가 없을 때는 일반 버터로 대체해도 괜찮아요.

이런 채소는 어디서 살 수 있나요?

간혹 매거진 인터뷰를 하면 듣게 되는 질문이에요. 기사에 수록하기 위해 "OOO에 있는
OO농장에서 공수해 왔어요" 같은 답이면 더 그럴듯할 테지만 저의 답은 늘 "가까이 있는
마트요!"입니다. 실제로 베이스 이즈 나이스에서는 대량의 음식을 준비하는 일이 없기 때문에
도매상보다 소매상을 더 많이 이용하고 있어요. 솔직하게 답을 하면, 마트에서 이런 채소를 본
적이 없었다는 답이 되돌아오고는 합니다. 아마 자연스럽게 늘 사게 되는 것, 늘 먹어온 것에
눈이 가다 보니 자세히 살펴야만 낯설고 다양한 채소의 존재를 눈치 채게 되는 것 같아요.
우리 주변에서 쉽게 볼 수 있고, 살 수 있고, 맛볼 수 있는 채소가 정말 좋은 채소라고
생각합니다. 생소한 채소를 어렵게 찾는 것이 아니라 가까이 있었지만 무심히 지나쳤던
채소의 매력을 조금씩 알아가는 과정이 좋아요.

채소와 친해지는 첫 번째 단계는 당장 동네 마트에 가서 채소 코너를
유심히 살펴보는 것으로 시작하면 어떨까요?

Beet-miso
Rice Balls Platter

비트된장
라이스볼 플래터

Ingredients

○ **비트된장** 비트 ½개 / 소금 1큰술 / 백된장(일본된장) 3큰술 / 맛술 2큰술 / 맛간장 1큰술 /
참기름 3큰술 / 통마늘 5~6개 / 호두 5~6개

○ 밥 1공기

Recipe

1 비트는 깨끗이 씻은 뒤 껍질을 제거하고, 1cm 크기로 깍둑썰기 한다.

2 물을 채운 냄비에 물이 끓기 시작하면 소금 1큰술을 넣고 손질해둔 비트를 넣어 5분간
삶는다.

3 삶은 비트를 찬물에 헹군 뒤 물기를 제거한다.

4 블렌더에 ③의 비트와 백된장, 맛술, 맛간장, 참기름, 통마늘, 호두를 분량대로 넣고
걸쭉하게 갈아서 비트된장을 완성한다.

5 볼에 밥을 넣고 1공기 기준 1큰술의 비트된장을 넣는다. 밥알 알알이 비트 빛깔이 나도록
섞어준 후 한 입 크기의 라이스볼을 만든다.

6 접시에 라이스볼과 기호에 맞는 채소샐러드 및 달걀을 올려서 완성한다.

라이스볼 위에는 기호에 맞도록 깨소금 혹은 허브를 올려서 완성할 수 있어요. 저는 고추냉이 입힌 참깨를
조금 뿌려봤습니다.

브런치, 그것은 하나의 식문화

뉴요커의 식생활 중 가장 좋았던 부분은 '브런치'라는 문화였어요. 주말 이른 오전부터 늦은
오후까지 샴페인이나 칵테일을 곁들이기도 하면서 여유롭게 대화를 나누며 맛있는 식사를
하는 것, 그게 참 좋았어요.
그래서 한식당 '허 네임 이즈 한'에서는 주말 낮 동안 한식을 기반으로 하는 브런치를 내기도
했습니다. 모든 메뉴의 베이스는 한식이지만 브런치라는 성격에 맞도록 경쾌한 채소요리와
위트 있는 달걀요리를 함께 내는, 오직 그 시간에만 제공하는 메뉴로 구성했어요. 주말 낮에
이곳을 찾는 뉴요커들은 가벼운 한식에 칵테일과 와인을 곁들이며 브런치를 즐겼죠.
한국에서도 10여 년 전쯤 청담동, 신사동, 서래마을처럼 세련된 레스토랑과 카페가 모여
있던 동네에서 시작해 브런치가 유행처럼 번진 기억이 납니다. 해외 문화를 그대로 들여온
것이라 에그 베네딕트나 프렌치 토스트 같은 서양 스타일의 음식을 맛볼 수 있었어요. 세월이
흐른 지금도 '브런치 레스토랑과 카페' 하면 전형적으로 떠오르는 서양 음식이 있고, 그것이
브런치라는 식문화로 자리를 잡은 것 같아요.

브런치, 특정한 음식을 먹는 개념이 아닌 햇살 좋은 늦은 아침 혹은 이른 오후에 건강하고
맛있는 음식을 먹으며 기분을 살며시 들뜨게 해줄 가벼운 술이나 차 한 잔 곁들이는 시간.
천천히 대화를 나누면서 브런치 문화를 즐기는 그 시간을 함께하고 싶습니다. 밥을 기본으로
하고, 채소를 가득 채우는 편안한 브런치 플래터를 만들어 둘게요.

* 베이스 이스 나이스의 브런치 한 상.

Soft-boiled eggs Open Sandwich

반숙란 오픈 샌드위치

Ingredients

- 두부 처트니 *P.20*
- 기호에 맞는 부드러운 빵
- 아삭채 ⅓ 단
- 레몬 1개
- 반숙란 2개
- 올리브오일 / 후추 약간

Recipe

1 아삭채를 3cm 크기로 자른 뒤 올리브오일과 후추를 뿌리고 골고루 섞어서 준비해둔다.

2 중간 불로 달군 팬에 올리브오일을 적당량 두르고 빵 한쪽 면을 따뜻하게 굽는다.

3 빵은 팬에 닿았던 면이 위로 오도록 놓고, 두부 처트니를 넉넉히 바른다.

4 반숙란을 4등분한 뒤, 처트니 위에 올린다.

5 ④의 빈 곳에 아삭채를 조심스레 올린다.

6 레몬 제스트를 흩뿌려 완성한다.

---

* 아삭채는 미즈나, 경수채라고도 불려요. 아삭채 대신 민들레, 참나물을 써도 맛있어요.

Rucola Salad
& Egg Yolk over Rice

루꼴라 무침과
달걀 노른자 밥

Ingredients
- 루꼴라 50g
- 생와사비 1작은술
- 올리브오일 1큰술
- 유기농 올리고당 1큰술
- 사과식초 1큰술
- 밥 1공기
- **밥 밑간** 김가루 1큰술 / 맛간장 1작은술 / 올리브오일 1작은술
- 달걀 노른자 1개
- 후추 약간

Recipe

1 루꼴라는 흐르는 물에 씻은 뒤 키친타월로 살포시 감싸 물기를 없앤다.

2 루꼴라의 양 끝을 잘라내고, 10cm 길이로 자른다.

3 볼에 분량의 생와사비, 올리브오일, 유기농 올리고당, 사과식초를 넣고 섞는다.

4 루꼴라에 ③을 전부 넣고 젓가락으로 저으며 가볍게 무친다.

5 밥과 밥의 밑간 재료를 잘 섞은 뒤 완성그릇에 담고, 루꼴라 무침을 올린다.

6 중앙에 달걀 노른자를 조심스레 얹고, 노른자 위로 후추를 뿌려서 완성한다.

채소색채학

파릇파릇 싱그러운 생기를 뿜내는 채소를 손질하고 요리하다 보면
저절로 혼잣말이 나와요.
"너무 예쁘다!"
만약 제가 음식 준비하는 모습을 누군가 본다면 웃을지도 모릅니다.
매일 보는 채소인데 매일 감탄하거든요. 하지만 정말로, 채도 높은
쨍한 빛깔부터 매끈한 광택이 있으면서도 은은한 파스텔톤까지,
채소의 색감은 뭐라 딱 표현할 길 없이 각각 다르고 예뻐요. 아마
옛날에 모든 색채를 처음 정의할 때 채소를 보며 탐구한 것은 아닐까?
채소색채학 같은 게 있지 않았을까? 호들갑스러운 상상을 해볼
정도로 말이에요.

Lunch box

런치박스

11

Slow-braised Konjac

감귤청 곤약조림

Ingredients

- 곤약 ½모
- 자영감자 2개
- 오크라 2개
- 올리브오일 1큰술
- **조림장** 맛간장 2큰술 / 맛술 2큰술 / 물 2큰술 / 감귤청 1큰술

Recipe

1 곤약을 깨끗이 씻은 뒤 숟가락을 이용해 한 입 크기로 툭툭 잘라낸다.

2 세척한 감자는 껍질째 곤약 크기로 깍둑썰기 하고, 오크라는 별모양이 나타나도록 가로로 알맞게 자른다.

3 분량의 조림장 재료를 한데 넣고 섞어 조림장을 만들어 둔다.

4 팬을 중간 불에 올리고, 올리브오일을 두른 뒤 감자를 넣고 2분간 저어가며 골고루 익힌다.

5 감자가 살짝 익으면 곤약을 넣고 조림장을 부어 저어가며 익힌다.

6 감자가 익고 곤약에 조림장이 충분히 스며들면 불을 끈 뒤 오크라를 넣고 골고루 저어서 마무리한다.

- 입맛에 따라 조림장에 건고추를 넣어서 매운맛을 내도 맛있어요.
- 자영감자는 일반 감자 혹은 알감자로, 오크라는 쉽게 구할 수 있는 냉동 오크라로 대체해도 좋아요.
- 흰 쌀밥 위에는 3cm 길이로 썬 영양부추와 검은깨를 올리고 들기름을 살짝 뿌려 맛을 더했어요. 기호에 맞는 밥과 채소 토핑으로 응용해 보세요.

감귤청 곤약조림

내겐 참 친절한 식재료, 곤약

지금은 도쿄와 서울의 물가가 비슷하다고 하지만, 도쿄에서 공부하던 시절 그곳의 높은
물가는 저의 주머니를 늘 가볍게 만들었어요. 사먹는 음식값이 만만치 않아서 웬만하면
장을 보고 직접 밥을 해먹는 날이 많았지요. 동네 채소가게가 할인할 시간에 맞춰 가서
채소를 가득 사오면 두고두고 먹을 반찬을 만들어 놓기도 했어요. 그때 저의 장바구니에는
가격이 저렴하고 식감도 재미있어서 다양한 요리에 활용할 수 있는 곤약이 항상 한 자리를
차지하고 있었습니다. 어떤 날은 실곤약을 비빔국수 양념에 무쳐서 별미로 먹기도 했어요.

그때는 그냥 묵 같은 건가 보다 했는데 나중에야 구약나물의 알줄기에서 추출한 성분을
가공한 식품이라는 걸 알게 됐어요. 수분과 식이섬유로 이뤄져 있어 칼로리 부담이 없는
건강한 재료디라고요. 소화기관이 약한 사람은 조심스레 먹어야 하지만요.
특히 가난한 유학생에게 더없이 친절했던 곤약. 지금도 먹을 때마다 그때 그 골목길
채소가게에서 세 개에 백 엔을 주고 곤약을 사오던 제 모습이 떠올라서 엷은 미소가
지어지곤 합니다.

12

Blueberry
& Tofu Smoothie

아몬드 블루베리

두부 스무디

Ingredients	
	○ 부침용 두부 ¼모
	○ 냉동 블루베리 30g
	○ 아몬드 15g
	○ 유기농 올리고당 1큰술
	○ 두유 150ml

Recipe		
	1	두부는 직딩한 크기로 잘라 준비한다.
	2	블렌더에 모든 재료를 넣고 갈아준다.

Dinner

———

저녁 식사

Assorted Vegetables Mini Hot Pot

우엉 채수 핫 팟

Ingredients
- ○ **우엉채수** 말린 표고버섯 8~10개, 우엉 50g(½줄기), 맛간장 1큰술, 맛술 1큰술
- ○ 찌개용 두부 ½모
- ○ 자숙 연근 4~5 조각(연근을 김으로 쪄낸 것)
- ○ 아삭채(혹은 시금치, 쑥갓) ⅓ 단
- ○ 알배기배추 2~3장
- ○ 채수를 내고 남은 표고버섯과 우엉

Recipe
1   커다란 볼에 말린 표고버섯을 넣고 찬물 1리터를 붓는다. 하루 동안 우러나도록 냉장실이나 서늘한 곳에 둔다.

2   우엉은 흙을 깨끗하게 씻어낸 뒤 껍질째 어슷썰기 한다.

3   채수를 우릴 냄비에 ①의 표고버섯 우린 물을 붓고(이때 표고버섯은 건져서 따로 두기) 우엉을 넣는다. 약한 불에서 20분 동안 끓여 우엉의 향이 충분히 우러나도록 한다.

4   분량의 맛간장과 맛술로 간을 맞춘다.

5   전골을 끓일 냄비에 두부와 자숙 연근을 차례로 담는다.

6   채수를 낸 표고버섯은 기둥 붙은 그대로 썰어서 냄비에 담고, 마찬가지로 채수를 낸 우엉도 건져서 담고, 알배기배추와 아삭채는 적당한 길이로 썰어서 올린다.

7   미리 끓여둔 ③의 우엉채수를 붓고 재료가 익을 때까지 끓여서 완성한다.

뿌리채소, 그 특유의 에너지

햇볕과 바람과 비를 직접 마주하며 자란 푸릇푸릇한 채소는 아니지만
흙이라는 양분 가득한 이불을 덮고 묵묵히 자라나 모든 영양소가
가득할 때 비로소 제 모습을 드러내는 뿌리채소는 고유한 에너지를
품고 있어요. 그래서 기운을 좀 내야 할 때는 뿌리채소로 우린 채수를
이용해 따뜻한 국물요리를 합니다. 깊은 맛이 있으면서 깔끔한
국물로 속을 덥히고 나면 마음속까지 든든함과 푸근함이 차올라요.
이것이 뿌리채소만이 지닌 특유의 에너지겠지요.

Seaweed Noodles in
Mustard Vinaigrette

비빔톳국수

Ingredients

- ○ 톳국수 200g
- ○ **양념장** 맛간장 1큰술 / 쯔유 1큰술 / 매실액 1큰술 / 사과식초 1큰술 / 유기농 올리고당 ½큰술 / 홀그레인 머스터드 ½큰술
- ○ **토핑** 영양부추 / 라디치오 / 무순 / 연근초절임 적당량

Recipe

1   톳국수는 물에 헹군 뒤 채반에 밭쳐 물기를 제거한다.

2   양념장 재료를 한데 섞은 뒤, 커다란 볼에 톳국수와 양념장을 넣고 손으로 잘 버무린다.

3   토핑 재료는 모두 5cm 정도의 길이로 씰어서 준비한다.

4   완성접시에 **②**의 버무린 톳국수를 소담스럽게 담고, 토핑을 올려 완성한다.

*   삶을 필요 없이 물에 헹구어 바로 먹을 수 있는 톳국수 면을 사용했습니다.

비빔톳국수

바다의 채소

뉴욕에서 기획한 메뉴 중에 '파래 타르타르소스'를 곁들인 음식이 있었어요. 메뉴판에
이름을 영문으로 표기해야 하는데 '파래'를 뭐라고 표기할지 고민이었습니다.
우리나라를 비롯해 아시아권에서 다양한 해조류를 각각의 이름을 알고 익숙하게 먹는
것에 반해 서양에서는 '바다 수초(seaweed)'라는 한 가지 단어로 통용되는 경우가
많죠. 결국 어떤 음식인지 알려주기 위해 Parae나 sea lettuce가 아닌 seaweed라고
적었습니다. 김, 미역, 다시마, 톳, 파래, 우뭇가사리, 감태, 모자반, 꼬시래기…
해초만으로도 한 상 가득 차릴 수 있는 우리 식탁을 보면 놀랄지도 모르겠어요.
해조류는 알칼리성 식품이면서 단백질, 당질, 비타민, 무기질, 식이섬유가 풍부하고 피를

맑게 해주는 이로운 식품으로 알려져 있죠. 그래서인지 서양에서도 해조류에 대한
관심이 무척 커져서 여러 형태의 식재료 및 가공식품으로 출시되고 있어요.
제주에서 자란 저는 어린 시절부터 해조류로 요리한 음식이 친숙했어요. 제철이면
싱싱 식탁에 오르던 깁된깅으로 비무린 꼬들꼬들 톳무침과 모자반을 듬뿍 넣고 끓인
몸국을 특히 좋아합니다. 매년 초겨울 싸늘한 바람이 불면 그 진한 국물이 생각나곤
해요. 요즘은 톳, 다시마, 미역을 이용한 해초국수를 흔히 볼 수 있더라고요.
메밀면, 두부면, 곤약면도 다 좋지만, 오늘은 몸과 마음을 더 가볍게 해줄
비빔해초국수를 만들어 봤어요.

Vegan Curry

오직채소커리

Ingredients	
	○ 고형커리 1조각(5~6인분)
	○ 미니 단호박 1개
	○ 적양파(혹은 양파) 3개
	○ 감자 2개
	○ 새송이버섯 2개
	○ 올리브오일 3큰술
	○ 토핑용 채소칩

Recipe		
	1	단호박, 적양파, 감자, 새송이버섯은 세척 후 큼직하게 썰어서 준비한다.
	2	냄비가 중간 불에서 달궈지면 올리브오일을 두른 뒤 적양파와 약간의 소금을 넣고 적양파가 투명해질 때까지 볶는다.
	3	단호박, 감자, 새송이버섯을 넣고 물 1리터를 붓는다. 이때 커리를 함께 넣는다. 커리가 잘 녹도록 저어주며 중간 불로 서서히 재료들이 부드러워질 때까지 끓인다.
	4	재료가 충분히 익으면 불을 끄고, 핸드블렌더로 곱게 갈아준다.
	5	밥과 커리를 담은 후 채소칩을 올려 완성한다.

커리 속 당근을 좋아해? 싫어해?

유독 커리 속 채소에 관한 호불호를 얘기하는 경우가 많은 것 같아요. 저 또한 그런 사람들 중 한 명이에요. 된장찌개에 들어가는 채소에 대해서는 그냥 그런가 보다 하는 것 같은데 말이지요. 아마 오랜 시간 푹 끓이는 음식이라서 식감이나 향을 잃어버리는 재료가 생기고, 그것이 좋은 사람도 있지만 반대로 그게 싫은 사람도 생겨나는 것 같아요. '오직채소커리'는 채소의 풍미만으로 감칠맛과 밸런스를 만들어요. 각각의 채소가 내어주는 풍미가 조화를 이루고, 첫맛부터 중간, 끝맛에 걸쳐 음미할 수 있는 감칠맛과 균형을 만들기 위해 모든 재료를 똑같은 입자로 만드는 방법을 택했어요. 미세하게 갈리면서 향과 맛이 더욱 살아나죠. 그래서 오직채소커리의 핵심은 마치 루(roux)처럼 걸쭉한 텍스처를 내는 거예요. 별로 좋아하지 않았던 채소도 아주 맛있게 먹게 되는 마법이 일어나는 요리입니다.

16

Charred Veggies and
Egg Yolk Dip

채소 BBQ와

달걀 노른자 딥

Ingredients

○ 래디시 / 오크라 / 미니 파프리카 / 샬롯 / 옥수수

○ 올리브오일

○ 로즈마리 소금 약간

○ 흑설탕 약간

○ **딥 소스 1인분** 맛간장 1큰술 / 맛술 1큰술 / 참치액 ½큰술 / 다진 영양부추 1큰술 / 달걀 노른자 1개 / 들기름 약간

Recipe

1 채소를 깨끗이 씻은 뒤 래디시, 오크라, 샬롯은 2등분하고, 미니 파프리카와 옥수수는 한 입 크기로 썰어둔다.

2 중간 불로 팬을 달군 후 올리브오일을 두르고 래디시, 오크라, 미니 파프리카, 샬롯을 차례로 로즈마리 소금으로 간하며 노릇하게 굽는다. 토치를 이용해 겉면을 그을리면 더욱 맛있다.

3 옥수수는 삶은 뒤 식혀둔다. 식은 옥수수에 흑설탕을 조금 뿌려 토치로 설탕이 녹을 때까지 그을린다.

4 딥 소스는 달걀 노른자와 들기름을 제외한 모든 재료를 한데 섞고, 흰자를 분리한 노른자를 소스 중앙에 올린 뒤 들기름을 뿌려 마무리한다.

* 채소는 브로콜리, 가지, 호박 등등 좋아하는 무엇이든 구워보세요.

17

Slow-cooked
Veggie rice

전기밥솥으로 짓는

채소솥밥

Ingredients	○ 쌀 200g(약 2인분)
	○ 검은 렌틸콩 3큰술
	○ 찹쌀 3큰술
	○ 새송이버섯 2개
	○ 참나물 줄기 ⅓ 단
	○ 올리브오일 약간
	○ **양념장** 맛간장 2큰술 / 맛술 2큰술 / 참치액 1큰술 / 유기농 올리고당 1작은술 / 산초가루 1작은술

Recipe

1 쌀, 블랙렌틸콩, 찹쌀을 분량대로 넣은 뒤 깨끗이 씻고 물을 빼둔다.

2 밑둥을 손질한 새송이버섯은 세로로 6등분한다. 참나물 줄기 부분은 곱게 다진다.

3 양념장 재료를 분량대로 섞는다.

4 중간 불로 달궈진 팬에 올리브오일을 두르고 새송이버섯과 양념장 ½ 분량을 뿌려가며 버섯이 노릇해지도록 굽는다.

5 밥솥에 ①의 혼합쌀을 넣고, ④의 버섯을 가지런히 올린 뒤 물을 재료가 잠길 만큼 붓고 밥을 한다. (조리코스는 잡곡)

6 조리가 끝난 밥 위에 다진 참나물 줄기를 올리고 남겨둔 절반의 양념장을 둘러 완성한다.

모든 것이 담기는 또 하나의 그릇, 공간

그릇을 고를 때는 그 자체로 오브제가 될 만큼 뛰어난 디자인의 그릇도 많지만 되도록
음식이 담겼을 때 맵시가 돋보이는 것을 골라요. 특히 파란색 그릇을 선호하는데 이유는
음식에 파란색이 없기 때문이에요. 파란 무늬나 색감이 있는 그릇에 음식이 담기면
음식이 가진 색감을 살려주면서 그릇 자체의 매력도 함께 살아나죠.
음식을 내는 공간은 어떤 의미에서 가장 커다란 그릇이라는 생각을 해요. 베이스 이즈
나이스의 인테리어 콘셉트도 거기서부터 시작했어요. 채소가 갖는 다채로운 색감을
살리기 위해서는 전체적인 톤이 차분하고 자연스러워야 한다고 생각했죠.
내추럴한 분위기의 중심을 잡아주는 라탄 수납장과 같은 나무 소재, 미색의 콘크리트
테이블, 차갑지 않은 그레이 톤의 패브릭 의자, 혼자서 도드라지지 않는 오브제들까지.
이러한 요소들이 모든 게 담기는 커다란 그릇으로서의 이 공간에서 채소를 더욱 생기
넘치게 하는 고요한 힘을 보여주고 있어요.

Late
Night

늦은 밤의 채소 요리

Charred Groundcherry Peppers with Black Bean-mayo

검은콩마요와

꽈리고추 구이

Ingredients

○ 꽈리고추 20개

○ 올리브오일 2큰술

○ 로즈마리 소금 약간

○ **검은콩마요** 마요네즈 3큰술 / 검은콩 미숫가루 1큰술 / 다진 마늘 1작은술 / 맛간장 1작은술 / 맛술 1작은술

Recipe

1   검은콩마요는 재료를 분량대로 섞어주면 완성.

2   꽈리고추는 흐르는 물에 씻어 꼭지를 제거하지 않고 그대로 사용한다.

3   중간 불로 달궈진 팬에 올리브오일을 두르고 꽈리고추를 1분 동안 저어가며 골고루 익히다가, 로즈마리 소금을 뿌려서 1분 정도 더 익힌다.

4   불을 끄고 익힌 꽈리고추에 검은콩마요를 넣어 젓가락으로 골고루 섞는다.

5   세라믹 소재의 그릇에 가지런히 담고, 토치로 겉을 살짝 그을려서 완성한다.

× *Beer*

Slow-braised
Sweet Potatoes
with White-miso

백된장

고구마 장조림

Natural Wine

×

Ingredients
- 밤고구마 5~7개
- 우엉 100g (1줄기)
- 올리브오일 약간
- 참나물 약간
- 들기름 약간
- **백된장 양념** 백된장 1큰술 / 맛간장 3큰술 / 맛술 5큰술 / 유기농
  흑설탕 1큰술 / 물 2큰술 / 들깻가루 2큰술

Recipe

1 백된장 양념을 분량대로 섞어서 준비한다.

2 고구마와 우엉은 깨끗이 씻어 껍질째 한 입 크기로 썰어둔다.

3 중간 불로 달궈신 팬에 올리브오일을 두르고 고구마를 먼저 넣어 노릇한 색이 띄노록
   저어가며 익히다가 우엉을 넣어 함께 볶는다.

4 고구마와 우엉이 반쯤 익으면 ①의 백된장 양념을 부어 뚜껑을 덮고 7분 정도
   익힌다. 단, 수시로 뚜껑을 열어서 양념이 타지 않도록 저어준다.

5 약한 불로 낮추고 2분 정도 더 익힌다.

6 그릇에 소복하게 담고, 한 입 크기로 썬 참나물과 들기름을 얹어 완성한다.

Tofu Platter
with Beet-miso
& Water Spinach

두부 삼합

Rice Wine ×

Ingredients	
	○ 부침용 두부 ½모
	○ 초록 채소 (공심채, 소송채, 시금치를 추천)
	○ 비트된장 *P.40*
	○ 소금 / 후추 약간
	○ 들기름 약간

Recipe	
1	두부는 키친타월로 감싸서 물기가 빠지도록 둔다.
2	수분이 빠져 탄력이 생긴 두부는 한 입 크기로 썰어서, 한쪽 면에 들기름을 바른 뒤 후추를 뿌린다.
3	초록 채소는 깨끗이 씻어 준비한다. 냄비에 올린 물이 끓으면 소금을 넣은 뒤 초록 채소를 30초간 익히고 바로 건져 찬물에 헹군다. 식으면 물기를 꼭 짜서 제거한 다음 4cm 정도 길이로 썬다.
4	접시에 두부를 도미노처럼 올리고, 초록 채소와 비트된장을 곁들여 완성한다.

더할 나위 없는 세 가지의 하모니

코끝이 찡하도록 푹 삭힌 홍어회, 수분과 유분이 모두 충만한 수육, 제대로 익혀 씻은 묵은지를 함께 먹는 홍어삼합은 정말 좋아하는 음식 중 하나예요. 삼합을 좋아하는 사람이라면 이 세 가지가 일으키는 시너지를 한번쯤 생각해봤을 거예요. 조화롭지만 한데 어우러질 때 각각의 개성과 역할도 분명하지요. 개성과 맛을 잘 조합한다면 삼합은 어떤 재료로 만들든 훌륭한 요리가 될 수 있어요. 두부 삼합은 이런 아이디어에서 출발한 음식이에요. 뭐든 안아줄 것 같은 부드러운 두부에 후추와 들기름으로 향을 더하고, 식감과 색감을 담당해줄 익힌 초록 채소와 간과 향을 입힐 비트된장. 세 가지를 한 입에 먹는 순간 "더할 나위 없다"고 외치게 될 거예요.

Strawberry &
Dragon Fruit
Wine Cocktail

붉은 과일의
와인 칵테일

Ingredients

○ 화이트와인 300ml

○ 냉동 딸기 100g, 빨간 용과(드래곤푸르츠) 60g

○ 매실청 2큰술

○ 로즈마리 약간

○ 토닉워터 1병(300ml)

Recipe

1   블렌더에 화이트와인, 딸기, 용과, 매실청을 넣고 갈아 준다.

2   얼음 틀에 로즈마리와 ①을 부어 얼린다.

3   잔에 ②의 얼음을 가득 담고, 토닉워터를 부어 완성한다.

× *Cocktail*

*   얼음을 얼릴 때 블루베리나 라즈베리 같은 작은 베리류를 함께 넣어 얼려도 예쁘고 맛있어요.

*   화이트와인은 프랑스 샤르도네를 사용했으나, 어느 지역의 어느 품종이든 괜찮아요.

늦은 밤,
작가와 편집장의 대화

푸드
크리에이티브
디렉터의 일

O   들어서자마자 말 걸고 싶은 사람, 질문이 많아지는 공간이에요. 〈누군가의 한 끼를 그려보는 일32p〉에도 나오지만 F&B 브랜드 디렉터 겸 푸드 크리에이티브 디렉터로 활동하고 계시죠. 처음 뵀을 때 신기해서 그게 어떤 일인지 여쭤본 기억이 납니다. 그간의 커리어패스도 새롭지만 일을 시작한 계기도 재밌었어요.

어릴 때는 음악하는 사람을 꿈꿨는데 여러 가지 이유로 그만두면서 실의에 빠져 있었어요. 원하지 않는 전공으로 대학을 진학한 직후였죠. 보다 못한 엄마가 기분 전환을 하고 오라며 일본 오사카에 계신 큰아버지 댁에 저를 보냈어요. 그때 친척들과 함께 좁다란 골목길에 있는 이탈리안 식당에 간 경험이 인생 방향을 바꿨습니다. 아늑한 분위기에서 음식을 먹는 동안 흘러나오는 음악 덕분에 그곳에 홀딱 반했거든요. '아, 음식을 먹는 공간이 음악과 이렇게 가까운 거구나' 하고 곧장 유학을 준비해 도쿄에서 식공간 연출을 공부했습니다. 한국에 돌아와서는 쿠킹 아카데미 라 퀴진에 입사하며 식생활 기획자의 일을 시작했어요. 기획팀에서 외식기업 콘텐츠 비즈니스 업무와 케이터링을 진행했지요. 그러다 2008년쯤 카페에 빠져 뉴욕에 머물며 일상 속 카페 문화를 엿보는 기회를 가졌고, 레드망고 글로벌을 거쳐 카페베네 R&D 팀에 합류했습니다. 카페베네에서는 R&D 개발자로 무알콜 모히또 메뉴를 국내에 처음 소개했고요, 뉴욕 타임스퀘어에 위치했던 카페베네 글로벌 1호점 론칭을 총괄했습니다.
그후 뉴욕에서 만난 지인들과 식공간 브랜드를 기획하고 운영하는 핸드 허스피탈리티(HAND Hospitality)를 시작했어요. 공간을 이미 운영하고 있던 이기현 대표님은 브랜드 총괄 운영과 인테리어 디렉팅을, 저는 부대표 겸 브랜드 기획과 메뉴와 디자인 디렉팅을 담당했습니다. 한식당 허 네임 이즈 한(Her name is Han), 일식당 노노노(Nonono)까지 론칭하고 났더니 어느덧 뉴욕 생활이 10년 정도 흘렀더라고요. 지금은 서울 도화동 골목길에서 채소 친화적인 식사를 선보이는 식공간 베이스 이즈 나이스를 운영하고 있습니다.

O   앞서 나온 에세이 중 기획자의 일을 "눈에 보이지 않던 아이디어의 조각조각들이 하나의 실체가 되어가는 과정을 완성시키는 것"으로 정의하신 대목에서 콘텐츠 기획자인 저도 고개를 끄덕거렸습니다. 분야는 다르지만 기획의 속성은 같더라고요. 그럼에도 실무의 면면을 들여다보면 고유한 영역이 있을 텐데요, 푸드 크리에이티브 디렉터가

하나의 식공간을 탄생시키기까지 과정은 어떠한가요?

디렉터가 '어떤 레스토랑을 만들자'는 콘셉트와 그로부터 파생되는 정체성, 스토리를 명료하게 정의하는 데서 시작합니다. 그 정의의 범주 안에서 로고나 심볼을 비롯한 그래픽디자인과 공간디자인의 밑그림이 어느 정도 그려지고요. 메뉴 구성 방향과 기획, 레시피 개발을 거쳐서 전략을 바탕으로 하는 플레이팅, 가격, 메뉴 이름이 결정돼요. 최종적으로 메뉴가 선정되면 키친과 홀에 필요한 여러 기기 및 기물을 결정하고, 메뉴 촬영, 디자인 작업 순으로 완성하죠. 하나의 식공간이 세상에 선보여지기 위해 준비를 하는 처음부터 마지막까지 푸드 크리에이티브 디렉터는 과정마다 중심에서 맥을 이끌며 결정하는 등 가장 밀접하게 연결되어 있어요.

O   그 일을 하려면 사전에 어떤 경험을 쌓아야 하나요?

어떤 포지션에서든 기획력을 쌓을 수 있는 경험이 반드시 필요해요. 맛은 셰프가, 디자인은 디자이너가, 홍보 전략은 마케터가, 사진은 포토그래퍼가 도맡을 테지만 작업 전 방향을 잡아주고, 결과물을 총체적으로 읽어내며 무엇을 더하거나 덜어내야 할지 섬세하게 발견해야 하니까요. 또한 발견한 것을 명료하게 전달할 줄 알아야 합니다. 타고난 감각만으로는 부족해요. 외식업계에 몸담은 실무자로서 다양한 경험을 쌓아올리는 과정이 필수예요.

O   푸드 크리에이티브 디렉터에게도 기획 총괄을 맡게 되는 '입봉의 순간'이 있나요? 영상을 만들 때 조연출이 연출로 성장하는 것처럼요.

수셰프가 헤드셰프가 되는 순간 같은 걸까요? 영상이나 주방에서처럼 명확한 구분은 없지만 말 그대로 한 공간을 탄생시킬 때 A부터 Z까지 감독하고 결정하는 역할을 맡게 된다면 그게 입봉이겠지요. 제 경우는 카페베네의 해외 1호점인 뉴욕 타임스퀘어 지점이 첫 기획 총괄의 기회였어요. 돌이켜보면 상대적으로 어린 나이었고 경력이 많은 것도 아니었어요. 사회 초년생일 때부터 어떤 일을 하든지 먼저 기획이라는 바탕을 만들고 다음 단계를 진행시키는 방식으로 업무를 해왔던 것이 쌓여서 기회를 만났을 때 총괄을 맡게 되는 입봉의 순간을 만들어준 것 같아요.

O　　내일이 새 공간의 오픈일이라면, 오늘 마지막으로 체크하는 것은 무엇인가요?

마지막으로 뭔가를 확인한다면 메뉴판이요. 손님들이 음식의 맛을 보기도 전에
먼저 눈과 손으로 만나게 되는 음식의 일부분이라고 생각하거든요. 페이지는
정열이 맞는지, 오염된 페이지는 없는지 등등 마치 음식을 내가기 전에
담음새를 살피듯 메뉴판을 꼼꼼히 보곤 해요.

O　　오래 준비한 결과를 사람들에게 선보이며 기억에 남은 순간이 있을 것 같아요.

어느 한 순간을 콕 집어 말하기가 어렵지만 하나의 기억을 꺼내어 보자면,
뉴욕에서 한식당을 오픈할 즈음 팀원들과 '문 밖에 손님들이 줄을 서면 그 순간
엉엉 울어버릴 것 같다'는 농담을 했었어요. 그런데 문을 연 지 한 달도 채 안
됐을 때 정말로 대기줄이 길게 늘어선 거예요! 저는 그때 주방 안쪽에서 만두를
빚으면서 서빙되는 모든 메뉴의 파이널을 체크하고 있었어요. 홀 매니저가
주방으로 들어와 바깥에 줄이 길다는 말을 해주는데 막상 눈물이 나오진
않더라고요. 왜냐면 당장 손님들 상에 나가는 음식 확인하고 만두를 예쁘게
빚는 게 더 중요했어요.(웃음)
감동적이었던 순간이기는 한데, 오히려 그때 식당을 꾸리는 일은 사소하게 여길
순간도, 절정의 순간도 없다는 걸 깨달았어요. 매일 문을 열기 전에 손님 맞이할
준비를 하고, 첫 손님부터 마지막 손님까지 일정한 퀄리티의 서비스를 하면서
매 순간 새롭게 만들어지는 중이니까요.

O　　아이디어를 공간으로 실현시키는 건 여러 분야의 전문가들과 계속 협업해야 하는
일이죠. 함께 일할 때 중요하다고 생각하는 부분은요?

조금 전에 얘기한 것처럼 셰프, 디자이너, 마케터, 포토그래퍼가 한 기획
안에서 움직이도록 조율할 때 나보다 더 그 분야의 전문가인 사람에게 의견을
제시하는 건 쉬운 일이 아니에요. 그렇다 보니 명료한 커뮤니케이션을 아무리
강조해도 지나치지 않죠. 개인적인 취향이나 감정에 의한 게 아니라 프로젝트의

디렉터로서 방향성에 기준을 두고 피드백하는 과정임을 늘 염두에 둡니다.
전하고자 하는 메시지는 명확하되 예의를 갖추는 것이 최선이겠지요. 결국 모두
사람이 하는 일이라, 존중하며 매끄러운 대화를 나누면 반드시 좋은 결과물이
나오더라고요!

O　　바야흐로 자유노동자의 시대인데요, 10년 이상 업력을 쌓고 푸드 크리에이티브
디렉터로서 독립하면 어떤 일들을 할 수 있나요?

한국으로 돌아와서 베이스 이즈 나이스 오픈을 준비하면서, 외부에서 처음
맡은 프로젝트는 블렌딩티 브랜드 '차분(TCHA BOON)'의 디렉팅이었어요.
차만 파온 전문가는 아니지만 차를 소비하는 잠재적 고객의 시선에서
브랜드를 만들었습니다. 대신 제게 멋진 기회를 제안해준 오명옥 대표님이 차
전문가였고, 오래 인연을 맺어오며 그분의 철학과 인품을 존경했기에 함께
작업하고 싶었어요. 차는 식물이 인간에게 주는 가장 고차원적인 안정제라는
것을 새삼 알게 된 프로젝트였어요. 이 외에도 다른 레스토랑의 부분적인 메뉴
컨설팅과 전통주 브랜드의 브랜딩을 진행했고요. 한 베이커리 브랜드의 아침을
주제로 한 캠페인을 위해 '퀵 브렉퍼스트' 아이디어와 촬영을 맡기도 했고, 자아
성장 큐레이션 플랫폼에서 음식 카운슬링 프로그램에 참여하는 등 먹고 마시는
일에 관한 다양한 일을 할 수 있습니다.

우리 진아는
요리 디자이너가
되겠구나

○   제주에서 보낸 어린 시절, 어머니의 반찬을 예쁘게 담는 작가님을 보고
아버지께서 인상적인 한마디를 하셨다고요?

초등학교도 들어가기 전, 완전 꼬마였을 때예요. 푸드 스타일링이라는 단어나
개념이 일상에 쓰이지 않았을 때이기도 하고요. 선반이 높으니까 의자에
올라가서 어울리는 그릇을 꺼내고 엄마 옆에서 고사리손으로 음식을 조금씩
덜어서 식탁에 올려놓는 저를 보고 아빠께서 "우리 진아는 나중에 요리
디자이너가 되겠구나" 하셨죠. 그 말씀이 뇌리에 오래 남았어요.
그때 저는 친구들이 만화영화를 보는 시간에 요리 프로그램을 챙겨 보곤
했답니다. 돌이켜보면 지금 요리와 관련된 일을 하고 있는 게 매우 자연스러운
일이라는 생각이 들어요.

○   '내 인생 첫 번째 요리'에 대한 기억이 있나요?

그때 좋아하던 요리 프로그램에서 진한 브라운 컬러의 그레이비 소스를 만드는
걸 보고 그 맛이 너무 궁금했어요. 엄마가 없는 틈을 타서 양념장 선반을 열고
뭐가 뭔지도 모르면서 간장, 식초, 참기름 같은 걸 꺼내서 섞었는데, 색도 다르고
걸죽하지도 않고… 무엇보다 너무 맛없어서 놀랐어요. 어린 나이에 얼마나 맛이
충격적이었는지 지금도 생각 날 정도예요. 그 정체불명의 소스가 제 인생 첫
번째 요리입니다.

○   요즘은 여러 사람들에게 채소요리를 대접하고 계시는데, 반대로 다른 사람이 해준
채소요리 중에 좋아하는 것은요?

엄마의 가지볶음. 이만큼 크고 보니 엄마의 요리에는 섬세한 아이디어와
감각이 느껴지는 요리가 많다는 것이 보여요. 그중에서도 가지볶음은 '정말
지혜롭다'고 감탄했어요. 열이 닿으면 수분을 금세 잃는 가지를 미리 가볍게
염장해서 식감을 유지하고, 간은 최소한으로 한 뒤 매실청으로 코팅하듯 윤기를
흐르게 해서 완성하는 거죠. 역시 가지가 맛있을 때는 특별히 맛을 강하게
더하지 않아도 맛있다는 것을 알게 해준 요리예요.

O　　외국의 채소는 한국과 어떻게 다른가요?

미국 여행 갔다가 감자 같은 게 커서 놀란 경험은 누구나 하셨을 거예요.
뉴욕 마트에서 산 채소들은 크기가 더 크고 수분이 덜 응집됐다는 게 첫
느낌이었어요. 그래도 조금씩 다르거나 처음 보는 종류로 요리해보는 건 참
재밌는 일이에요. 저도 로컬 채소들로 한식 요리를 즐겨했고요. 특히 좋아한
채소는 그린 머스터드(green wave mustard)였는데, 이걸로 김치를 담가 먹으면
갓김치랑 비슷한 맛이 나요. 식감이나 특유의 알싸하게 매운맛이 다소 차이는
있지만 나름 매력적인 별미였어요.
지난 겨울에는 파리의 겨울 채소가 궁금해져서, 현지에서 와인 큐레이터로
활동하는 친구와 특별한 식사 자리를 기획하고 진행했어요. 이름하여 파리의
겨울 채소요리와 내추럴 와인이 함께하는 'Not just brunch'로, 동네 채소가게,
주말에 열리는 파머스 마켓, 대형 백화점 식품관을 누비며 채소를 골랐죠.
그리고 그 채소들로 베이스 이즈 나이스 메뉴와 비슷한 음식을 만들어
파리지엥에게 선보였어요.
역시 한국의 채소들에 비해 단맛보다는 쓴맛과 매운맛이 좀 더 세게 느껴졌고,
대체로 촉감이 거친 한편 잎채소는 향이 훨씬 강했어요. 저절로 비교되는
부분이 흥미롭고 한국에서 볼 수 없는 채소도 많아 작은 발견들을 즐길 수
있었어요.

O　　함께 밥을 먹으며 편하게 대화를 나눌 때도 끊임없이 '채소 칭찬'을 하시더라고요.

채소는 전부 다른 매력을 가지고 있잖아요. 단맛이 깊어서, 쓴맛이 독특해서,
향이 탁월해서, 식감이 좋아서, 매운맛이 앙칼져서, 색감이 뛰어나서… 하루
종일, 채소마다 찬양할 수 있어요.(웃음)

O　　"요리하는 행위와 결과물도 예술이라면 예술 중에 내 품이 피는 긴 음악뿐"이라고
말씀하신 게 마음에 남았어요.

뉴욕에서 어느 아트 디렉터와 각자의 일에 대해 이야기를 나눌 기회가
있었어요. 평소 예술가라고 생각하며 제 일을 해온 것은 아니었지만 음식도

예술이지 않냐는 물음에 고개를 끄덕거리게 되더라고요. 다른 예술 장르와 조금 다른 점이 있다면 음악, 미술, 건축, 디자인과 다르게 직접적으로 내 몸이 된다는 거겠죠. 본질적으로 사람에게 건강하고 이로운 것이어야 진정 아름다운 예술인 거 같다는 대화를 한참 나눴던 기억이 납니다.

O   손님으로 와서 음식을 먹을 때도, 책에 들어갈 사진 촬영을 진행할 때도 그릇에 음식을 담아낼 때 늘 정성껏, 정갈하게 담는다고 느꼈어요. 그렇게 하는 이유가 있나요?

푸드 스타일링은 음식을 예뻐 보이게 하는 것뿐 아니라 메시지를 전달하는 게 중요해요. 가수가 노래를 부를 때 가창 스킬도 중요하지만 그 노래가 가진 감정과 서사를 잘 표현해야 하는 것과 비슷하다고 할까요? 그 요리에서 보여드리고 싶었던 식감이나 조화 등을 눈으로도 먼저 느낄 수 있도록 전하고 싶은 이야기도 함께 담고 있어요.

오피스가 아니라
부엌이
필요했던 날에

○ 　베이스 이즈 나이스를 구상할 때의 스크랩북이 마치 매거진 같기도 하고 룩북
같기도 하더라고요.

기획자마다 루틴이 다를 텐데요, 구체적인 밑그림이 그려지기 전까지는 여러
이미지를 먼저 늘어놓는 습관이 있어요. 음식, 공간 사진과 더불어 디자인
모티브가 될 만한 여러 이미지까지도요. 저의 시선을 잡아끄는 이미지들을
늘어놓다 보면 그리고자 하는 방향이 조금씩 보이거든요. 그렇게 점점
선명해지는 방향이 브랜드의 정체성과 스토리를 잡는 데 도움이 됩니다.

○   스크랩북 첫 장부터 등장하는 이름, '베이스 이즈 나이스'는 무슨 뜻인가요?

처음부터 식당을 생각한 건 아니었어요. 지금도 완전한 식당의 모습은
아니고요. 무엇을 하든지 제가 음식과 관련된 이야기를 풀어내는 공간일 것은
틀림이 없었죠. 식문화를 제안하거나 탐구하는 공간이 된다면 그 식공간에서
무엇을 어떻게 풀어내든 저라는 사람 안에 켜켜이 쌓아온 것이 바탕이 될
거고요. 그렇다면 그곳에서 탄생하는 건 좋은(나이스한) 것이어야 한다는
생각이 들었어요.
제주에서 나고 자라, 도쿄에서 식공간 연출을 배우고, 뉴욕에서 레스토랑
만드는 일을 해온 베이스를 지닌 이가 먹을 것과 마실 것에 관해 어떤 틀 속에
갇히지 않고, 기획, 연구, 개발을 거듭하며 좋은 음식을 만드는 곳. 이것이
'베이스 이즈 나이스'의 정확한 의미입니다.

○   왜 서울 마포구 도화동 아파트 단지 옆길이었나요?

뉴욕에서 돌아오고 얼마 지나지 않아 교토를 여행했어요. 그때 들른 카페와
식당이 대부분 골목 안 낡은 건물에 위치해 있으면서 고즈넉한 분위기와
모던한 디자인을 함께 지니고 있더라고요. 단순히 잘 꾸미는 것만으로 낼 수
없는 분위기가 너무 멋졌어요. 그런 영감을 받은 채 지금의 동네와 위치를 보고
바로 결정을 했죠. 접근성이 좋으면서도 다소곳한 분위기를 자아내는 곳이에요.
무엇보다 이 골목에는 어르신들이 많이 지나다니고 가끔 요 앞에 걸터앉아
쉬어 가시는데, 그것만으로도 사람 사는 냄새가 나는 풍경을 이루어요.

○   식사를 내는 시간이 짧은 편이에요. 그만큼만 운영하는 이유가 있나요?

혼자서 운영을 하기 때문에 제가 지치거나 힘들면 안돼요. 그렇지 않으면 모든
음식에 온전한 집중력을 쏟을 수 없고, 똑같은 에너지로 서비스할 누가 없게
되니까요. 그 조절을 위해 적절히 제가 소화할 수 있는 만큼만 운영하고 있어요.

○   쉴 때는 주로 어떤 일을 하시나요? 하루 일과 중 좋아하는 시간이 있나요?

집에서 쉬는 걸 좋아하는데, 시간이 날 때엔 서울여행을 해요. 아직도 안 가본 멋진 동네가 너무 많아요. 근사한 곳을 발견할 때마다 좋은 자극이 돼서 틈틈이 다니려고 하는 중이에요.

일과 중 좋아하는 시간은 아침 출근길에 맛있는 커피를 사서 마실 때예요. 집 근처에서 맛있는 카페를 발견했을 때의 기쁨 아시죠? 하루를 여는 커피를 한 모금 마시며 베이스 이즈 나이스로 걸어가는 길, 그 시간을 너무 좋아하게 되었어요.

O   어디선가 걸려온 전화에 '비건 식당은 아니지만 카테고리가 꼭 필요하다면 비건 식당이라고 생각해주셔도 좋다'고 하며 이유를 자세히 설명하는 모습이 인상적이었습니다. 신형철 평론가의 책 『정확한 사랑의 실험』에 나온 "우리가 특정한 존재에게 짧은 이름을 붙이려고 하면 할수록 우리는 더 많이 폭력적인 존재가 되는 것일지도 모른다"는 문장이 떠오르기도 했고요.

'00주의' 안에 사로잡히는 것은 경계하는 편이라 채식주의보다 채소 친화적 공간을 만들고 싶었어요. 그린 테이블이 워낙 새로이 밀려오는 흐름이라 채식식당으로 소개해주시곤 하는데 틀린 말도, 정확히 맞는 말도 아니에요. 육류와 해산물을 직접적으로 쓰지 않지만 액젓이나 마요네즈를 쓰고 달걀을 함께 내기 때문에 군이 나누자면 락토오보 베지테리언(육류, 해산물은 먹지 않되 동물의 알은 먹는 채식주의) 식단에 해당하겠네요.

늘 곁들이는 재료로 쓰이던 채소를 메인으로 따뜻한 한 끼를 먹자는 취지만 알아주신다면 감사하겠습니다. 건강을 위해 채소 섭취를 늘리는 것도 맞는 말이고 환경 보호를 위해 고기 소비를 줄이는 것도 동의하지만, 음식과 사람 사이 균형을 중심에 두려고 해요. 나를 돌보는 균형을 잡아가고, 익숙해지고, 그것이 결국 즐거워지는 식생활을 이야기하고 싶어요.

O   책에 수록한 레시피에 쉬우면 별 한 개, 어려우면 별 세 개를 달아달라고 말씀드렸더니 대부분 별 한 개를 달아주셨지요. 별 세 개인 것도 어렵다기보다는 과정이 다른 것보다 번거로워서라고요. 실제로 옆에서 보니 조리 과정이 간단해 정말로 저도 할 수 있겠다는 생각이 들었어요.

채소가 가진 다양한 개성을 예찬했듯이, 조리할 때부터 우리가 먹는 그 순간까지 다채로운 캐릭터를 오롯이 살리려면 아주 간결한 레시피로 충분해요. 거기에 색감과 식감과 향을 레이어드하듯 조화롭게 더해주면 되죠. 그래서 '과정은 간결하게, 풍미는 충만하게' 이것을 가장 중점적으로 생각해요.

○   일하면서 늘 염두에 두는 건요?

"호화로움 앞에서 주눅들지 않고 자랑스러운 마음으로 간소할 것." 「매거진B」 무인양품 편에서 아트 디렉터 하라 켄야가 한 말이에요. 이 한 줄을 읽는 순간 저의 직업적 목표를 넘어 삶의 마음가짐이 같은 맥락에서 진실하게 일치되도록 정리해주는 것만 같았어요. 최고에 대한 열망에 사로잡히는 자세가 아니라 내가 할 수 있는 최선의 것을 만들며, 그것을 무척 사랑해주고 또 자랑스러워하는 거예요.

○   베이스 이즈 나이스에 다녀간 사람들, 그리고 『허 베지터블스』로 장진아의 요리를 접한 사람들에게 전하고 싶은 것이 있다면요?

몸과 마음이 건강한 것보다 더 고급스러운 라이프스타일은 없는 것 같아요. 그 중심에는 식생활이 있지요. 음식으로부터 시작되는 에너지가 나를 채우고, 주변을 채우고, 우리를 채워요. 쉽게 나의 시선이 닿고 손길이 닿는, 매 계절마다 어김없이 곁에 있어줄 식재료로 충분히 가능한 변화이자 시작이기를 바라요. '하루가 마음에 드는 작지만 선명한 방법, 채소를 가까이 두는 일.' 이 메시지를 꼭 전하고 싶어요.

Her vegetables.

나를 돌보는 마음으로부터, 채소일상

Her vegetables.

나를 돌보는 마음으로부터, 채소일상

1판 1쇄 펴냄   2020년 9월 21일
1판 3쇄 펴냄   2022년 1월 7일

지은이   장진아
사진   하지현
기획 · 편집   주소은
디자인   렐리시|Relish

펴낸곳   보틀프레스
주소   서울시 마포구 도화4길 41, 102동 3층
출판등록   2018.11.26. 제2018-000312호
문의   hello.bottlepress@gmail.com

ⓒ장진아, 2020

ISBN 979-11-966160-5-2 (03590)